U0052143

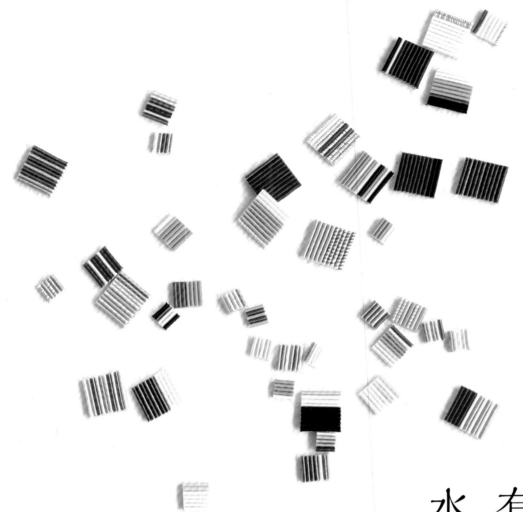

清新又可愛！

有設計感の
水引繩結飾品

mizuhikimie ◎著

CONTENTS

手持水引繩結時，

一邊欣賞優雅的光澤及鮮艷的色彩，

一邊感受柔軟且富有彈性的觸感，

心也不自禁地雀躍起來。

緊實地打結，

試著拉鬆繩結，

選擇漸層顏色，

搭配對比強烈的色彩……

因每次打結方式的細微不同，

成品效果千變萬化，令人著迷於編結的創作。

回過神來，

才發現已被水引繩結世界內藏的底蘊深深吸引。

希望你也能開心地享受水引繩結的樂趣，

以筆直的水引繩豐富美麗的創作世界！

mizuhikimie
東 鄉 美 榮 子

關 於 水 引 繩 結

水引繩結是美麗的日本傳統工藝，歷史悠久，據說可以追溯至飛島時代。水引繩是由裁切成細長狀的和紙捲搓成紙捻，塗上漿糊後等待乾燥固定，再依據不同種類，捲上鋁箔或纖維線製作而成。現在主要產地位於長野縣飯田市，占日本70％的生產量。

水引繩結原本是喜慶或特別場合使用的紅包或禮贈品的裝飾。在明治時代，由石川縣金澤市的津田左右吉開始製作華麗的立體水引

繩結工藝，「加賀水引細工」被指定為傳統工藝。

現今，新生代年輕藝術家為傳統的水引繩結帶來了新的風潮。輕巧堅固、抗水性強的水引繩顏色＆種類都很豐富，特別適合作成飾品，光是欣賞就讓人產生想創作的欲望。
水引是與日本歷史一起發展演進的傳統工藝。在品味美好文化的同時，也請試著動手作作看，為繩結注入心意吧！

球 結 耳 環

將圓滾可愛的球結
加上飾品配件，
既簡約又有氣質，
也是輕巧好攜帶的設計。

作法：P.40

油 菜 花 結 耳 環

「油菜花結」的特色是四片花瓣的圖形。
以1條水引繩纏繞3圈即可完成。
變換顏色多作一些，
享受豐富的搭配性＆樂趣吧！

作法：P.41

淡 路 結 耳 環

以水引繩結基礎作法的「淡路結」進行編結，作成輕盈搖曳的耳針式耳環。
右頁的三件作品是稍微改變編結方法的變化款設計。

作法：P.42

8 字 淡 路 結 鎖 鍊 耳 環

與P.10淡路結不同，是以交叉2組繩結的方式編結，形成「8字淡路結」。
中央作品的繩結空隙較大，右側作品則在下半部刻意編出寬鬆的繩結。

作法：P.43

連續淡路結大圓耳環

橫向連續編製三個淡路結,穿過大圓耳環。
是輕鬆就能呈現出如編織蕾絲般,帶有輕甜氛圍的作品。

作法:P.44

球 結 × 珠 飾 耳 環

在耳旁輕盈搖曳的美麗水引繩結耳環。
珍珠耳針是兩用式設計，
可以別在耳朵前方或後方。

作法：P.46

平
梅
結
胸
針

由五片花瓣組成的平梅結
也是代表性的水引繩結之一。
以不同顏色搭配，即可呈現豐富多變的氛圍。

作法：P.46

平 梅 結 髮 夾

組合大中小三種尺寸，
製作出平梅結髮夾。
並運用經典黑白色調的美感設計，
為水引繩結帶入現代感的時尚氣質。

作法：P.47

彩 色 線 條 耳 環 & 髮 夾

不留空隙地並排貼合水引繩，
就能創造出色彩繽紛的飾品。
大・中・小分別並排10條・7條・5條即可完成。

作法：P.48

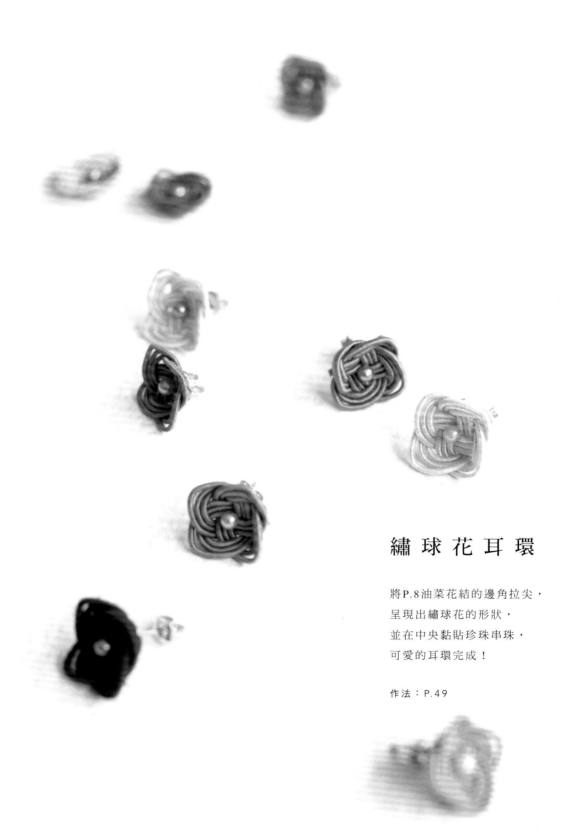

繡球花耳環

將P.8油菜花結的邊角拉尖，
呈現出繡球花的形狀，
並在中央黏貼珍珠串珠，
可愛的耳環完成！

作法：P.49

二 重 花 朵 耳 環

以雙花瓣圍繞珍珠，
使耳環呈現柔和的感覺。
粉色系的淺色搭配，
格外能襯托出女孩感的氣息。

作法：P.50

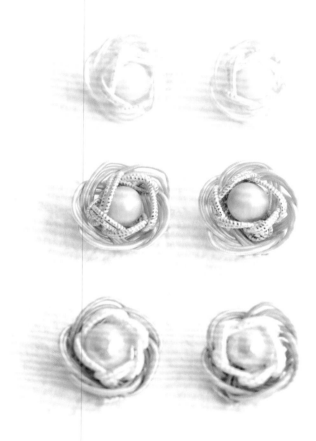

將平梅結插入7條花蕊，

變換成茶花造型。

除了製作胸針之外，亦可用於裝飾禮金袋＆禮物。

作法：P.52

葉 子 別 針

編完淡路結後，將左右繩端交叉打結＆繼續編製，作出葉子的形狀。

藉由交叉次數的改變，即可調整成品的大小。

作法：P.54

蝴 蝶 結 胸 針

縱向地重覆製作淡路結後，
固定中央＆收攏成蝴蝶結的造型。
除了胸針＆髮夾之外，
作為筷架使用也非常美麗。

作法：P.56

圓圈圈耳環

連續編結＆環繞成大圓形，
作出可愛又搶眼的圓圈圈耳環。
試著以鮮亮的活力色彩打造普普風耳飾吧！

作法：P.59

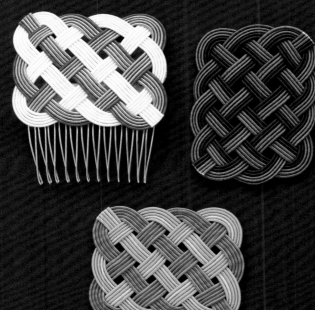

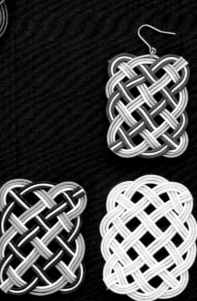

方形耳環 & 髮梳

吸引眾人目光的方形飾品，
大尺寸使用5條水引繩、
小尺寸使用3條水引繩。

作法：P.63

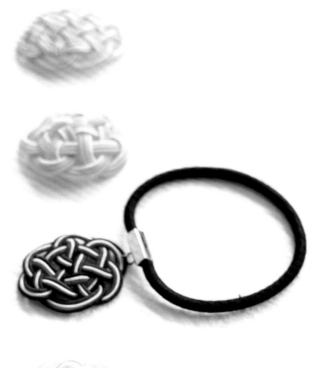

龜 結 髮 束

以龜結（因形似龜甲而命名）
製作色彩繽紛的髮束。
特色是帶有立體感的圓弧造型。

作法：P.65

花 朵 淡 路 結
髮 梳

以西式徽章風格造型，
成為眾人聚焦點的「花朵淡路結」。
在此選用金色水引繩，
為整體造型營造出優雅的氣質。

作法：P.67

髮 飾 結 帶 留

經常應用於髮簪＆髮梳的橢圓形髮飾結。

可搭配和服，裝飾於腰帶上。

作法：P.69

松結髮夾

以如松樹般的形象，
寄寓祝賀之意的松結。
背面貼上髮夾配件，
即變身為美麗的髮飾。

作法：P.71

繩圈項鍊

取4條水引繩各自作成連續繞圈的長條串狀，
再將全部繩結組合在一起，完成簡約風格的項鍊。
搭配素色衣著，就能成為整體造型的亮點。

作法：P.73

淡 路 結 並 接 項 鍊

連續並接淡路結，作出片狀造型。
將成品接連鍊子作成項鍊後，
不對稱的設計感令人眼睛為之一亮。

作法：P.75

淡
路
結
並
接
手
環

以8字淡路結作為中心設計，
打造出不同配色的手環。
黑色款主張大人風的成熟質感，
藍色款則是清新爽朗的風格代表。

作法：P.77

水 引 繩 結 飾 品 的 基 礎 & 作 法

在開始製作之前，先熟悉水引繩結飾品的基本材料、工具、技巧，再跟著步驟圖解，動手完成P.6至P.34所有作品吧！

※成品尺寸為參考標準，實際製作時可能因編結的鬆緊程度而有差異。

※水引繩的種類&顏色，可依個人喜好搭配。

※P.37起的步驟圖中，箭號色線意指此步驟中的水引繩編繞方向。

水 引 繩 的 材 質 & 種 類

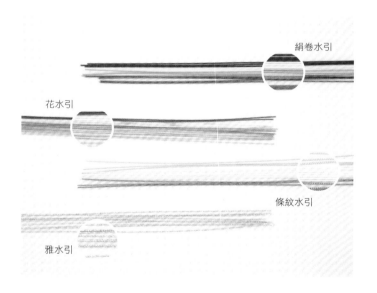

絹卷水引

花水引

條紋水引

雅水引

水引繩是以和紙製成的紙捻（塗上漿糊乾燥固定的紙捲）為芯，再進行上色、上膜、纏繞人造絲線（嫘縈線）等，有各式種類。搭配想製作的作品來選擇適合的水引繩吧！

【 本 書 使 用 的 水 引 繩 】

絹卷水引

以和紙的紙捻做為芯，捲上人造絲線（嫘縈線）。特色是觸感柔軟，帶有美麗光澤。

花水引

材質同絹卷水引，但與以基礎色為主的絹卷水引相比，花水引以粉色調、螢光色等新穎的顏色為主。

條紋水引

是將紙芯加上珍珠光澤薄膜後，略鬆地螺旋狀纏繞上人造絲線（嫘縈線），呈現出條紋圖案。

雅水引

將紙芯以螺旋狀纏繞上金、銀色的細膜，呈現出金屬光澤。

MEMO

解開絹卷水引，就會露出內裡的紙芯。絹卷水引&花水引較為柔軟，可呈現出更美麗的質感，特別推薦製作水引飾品時使用。

製 作 水 引 飾 品 的 工 具 & 材 料

剪刀
手工藝用剪刀，裁剪水引繩時使用。

錐子
調整繩結空隙＆輔助穿繩等，調整作品結構時使用。

平口鉗
夾鐵絲＆加裝飾品五金配件時使用。

圓嘴鉗
彎摺T針＆9針時使用。

剪鉗
剪斷鐵絲、T針、9針時使用。

量尺
測量水引繩＆鐵絲長度時使用。

夾子
以接著劑黏貼繩結時，以夾子加強固定，靜置等待乾燥。

牙籤
塗抹木工用白膠、金屬用接著劑時使用。

木工用白膠
進行水引繩收尾處理時使用。

金屬用接著劑
黏合水引繩＆飾品五金配件時使用。

花藝鐵絲
鐵絲外圍包覆紙材的花藝材料。

基本五金配件
製作飾品時常用的基本五金配件。

單圈

T針

中山夾

金屬銅線
黃銅材質的線材，固定水引繩＆飾品配件時使用。

飾品五金配件
將完成的水引繩結製成飾品時使用。
市售品項有各式款式＆尺寸可供選用。

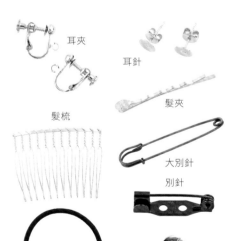

耳夾

耳針

髮夾

髮梳

大別針

別針

髮束

飾品用壓釦

串珠
珍珠＆玻璃材質的串珠，可與水引繩結搭配，成為設計亮點。無孔珠則可以作為花蕊使用。

珍珠・玻璃串珠

無孔珠

繩結的基礎編法

淡路結

本書介紹的飾品大部分都以淡路結為基礎，這也是水引繩結最常使用的編結方法。
因此請先從淡路結開始練習，熟練編結基本功吧！

材料　水引　30cm×1條

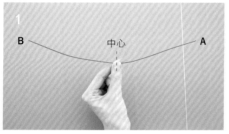

1 左手拿取1條水引繩的中央部位。

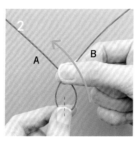

2 A拉往箭號方向，疊在B上作1個水滴圈，交叉處以右手捏住固定。

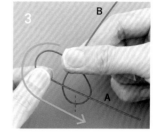

3 A依箭號方向繞1個圓，重疊於步驟2的水滴圈上方，以左手捏住★處。

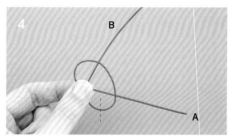

4 左手保持捏住固定，右手放開。

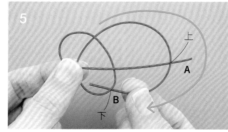

5 B依箭號方向，拉往A上方繞圓，再穿往步驟2水滴圈下方。

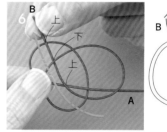

6 在水滴圈內側依上→下→上的順序穿出水引繩。

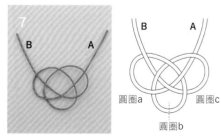

7 將B往上拉，形成3個圓。

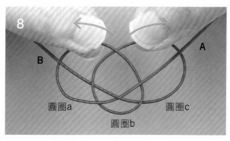

8 調整3個圓圈的尺寸。如圖所示，兩手分別捏住左右兩邊的圓圈a・c，同時往外側拉開，使圓圈b縮小一些。此時圓圈a・c的尺寸相對較大。

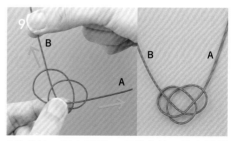

9 A往外拉，縮小圓圈a；B往外拉，縮小圓圈c。將3個圓圈大小調整一致，淡路結完成！

增 加 條 數 進 行 編 結

‧ 保 持 水 引 繩 排 列 整 齊

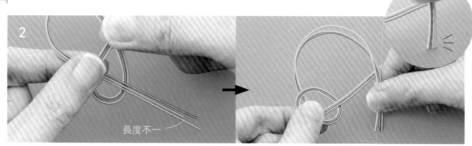

使用多條水引繩時，以保持水引繩平整並排為原則進行編結。

以多條水引繩進行編結的過程中，繩端容易變得長短不一，因此建議在穿繞繩圈之前，先將前端抵住作業台對齊，以便後續順利進行。

‧ 穿 繞 繩 圈 的 技 巧 1

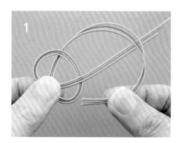
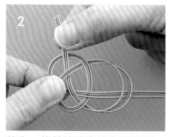
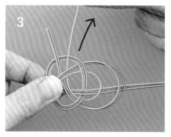
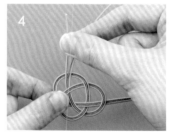

對齊水引繩前端，保持整齊一起穿過繩圈。

首先，使前端確實地穿過圓圈。此時不要心急地用力拉收繩圈，保留寬鬆度地穿繩即可。

從繩圈內側的水引繩開始，一條條地拉緊。

水引繩不重疊，保持平整並排，調整繩圈的尺寸。

‧ 穿 繞 繩 圈 的 技 巧 2

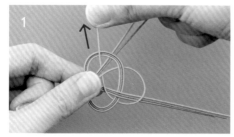
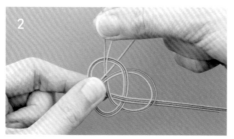
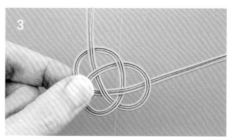

如果穿入的繩圈尺寸偏小或較複雜時，請從最內側的一條水引繩開始依序穿繞。

順著步驟1穿繞的水引繩外圍，依序穿繞第2條、第3條水引繩。

保持水引繩平整並排，調整繩圈的大小。

飾品加工的技巧

· 水引繩結的收尾

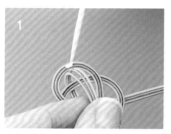

1

手持繩結的水引繩末端,在重疊收尾處的繩圈上塗抹木工用白膠。

2

重新疊合水引繩後,暫時以手指壓緊黏合。

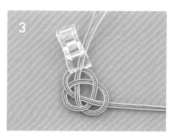

3

條數多時,建議以夾子固定,靜置等待乾燥。

4

修剪。

剪去多餘的水引繩。為免因誤剪而破壞作品,使要裁剪的水引繩位於下側,沿圓弧小心地修剪。

· 開合單圈

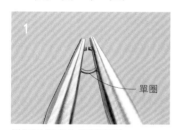

1

單圈

以平口鉗夾住單圈兩側。

2

兩側分別往前側、外側方向拉動,使單圈接合處呈現一前一後打開。閉合時,也是前後拉動調整。

· 安裝五金配件

1

將五金配件背面塗上少許金屬用接著劑。

2

黏合於水引繩結背面。

· 將T針彎摺成圈

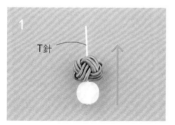

1

T針

T針穿過串珠及水引繩結。

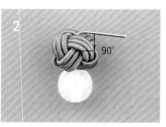

2

90°

以手指施力,將T針順著底部摺彎90度。

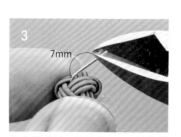

3

7mm

自底部起算,預留7mm,以剪鉗剪斷。

4

手心朝上拿著圓嘴鉗,夾住T針尾端後,翻轉手腕彎摺T針,確實地閉合成一個圓圈。

P.6 球結耳環

size 繩結直徑 1cm

| 材料 | ・水引繩　40cm×2條
・耳針（圓台・6mm・金色）1組
・金屬用接著劑 |

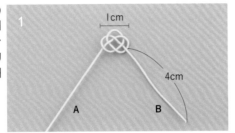

1

1cm

4cm

A　B

在此是以重覆編繞3次走線的方式，完成球結。先以1條水引繩作出寬1cm的淡路結（→P.37），B預留4cm，再將上下顛倒放置。

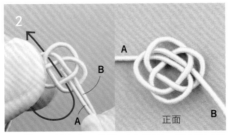

2

A
B
A

A
正面
B

A沿著B內側穿繩，再作出1個圓。將4個圓的尺寸調整一致。

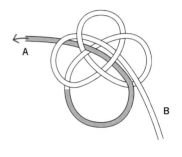

A

B

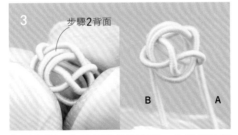

3

步驟2背面

B　A

翻到背面，左手指抵住正面側，右手指按壓整體揉圓，塑型成立體圓球狀。

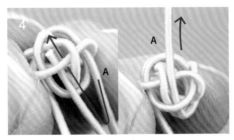

4

A

A

A沿著第一圈內側進行穿繞。

5

整體皆穿繞併排兩道水引繩。

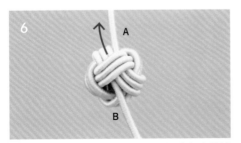

6

A

B

A沿著第二圈內側，再繞一圈，整體穿繞併排三道水引繩後，在如圖所示位置。拉出水引繩，完成繩結。

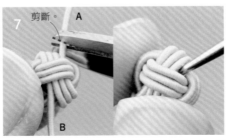

7

剪斷。A

B

若有明顯空隙，以錐子依序調整拉緊。A・B各保留5mm後剪斷，以錐子壓入圓球內裡。

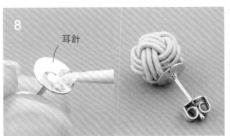

8

耳針

在耳針圓托上塗抹金屬用接著劑，黏上球結。另一個作法亦同。

P.8

油菜花結耳環

size　繩結直徑1.5cm

材料	・水引繩　40cm×2條 ・耳針（圓台・6mm・金色）1組 ・木工用白膠 ・金屬用接著劑

START

1

1.5cm

A

2cm

B

以重覆編繞3次走線的方式，完成油菜花結吧！先以1條水引繩作出寬1.5cm的淡路結（→P.37），B預留2cm，再將上下顛倒放置。

2

上
下　下
A
上
B

A沿著B內側穿繩，再作出1個圓。將4個圓的尺寸調整一致。

A

B

3

A
下
上
上　下
B

A沿著第1圈內側穿繩。

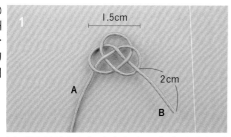

A

A

B

整體皆穿繞併排兩道水引繩。

4

5
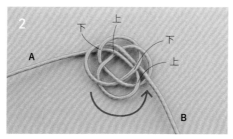

A

B

同步驟3，A沿著4個圓的內側穿繩，使整體穿繞併排三道水引繩。若有明顯空隙，以錐子依序調整拉緊。

6
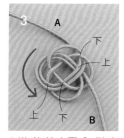

3mm

剪斷。

3mm

A・B各保留3mm後剪斷。

7
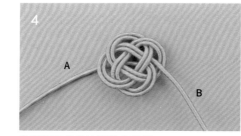
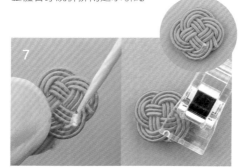

塗上木工用白膠，貼合鄰近的水引繩。並以夾子固定，靜置至乾燥。

8
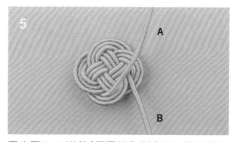
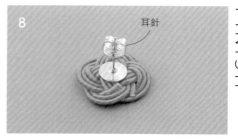

耳針

在耳針圓托上塗抹金屬用接著劑，與繩結背面黏合。另一個作法亦同。

FINISH

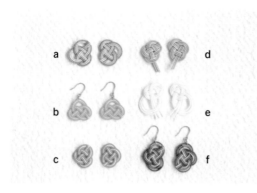

淡 路 結 耳 環

size 繩結　a：縱向2cm×橫向2cm／b：縱向2cm×橫向2cm
　　　　　c：縱向1.8cm×橫向1.5cm／d：縱向2.8cm×橫向1.6cm
　　　　　e：縱向3cm×橫向2.5cm／f：縱向2.3cm×橫向1.6cm

材料

・水引繩　30cm×6條
・耳針（U字・金色）1組
・單圈（0.6×3mm・金色）4個
・木工用白膠

START

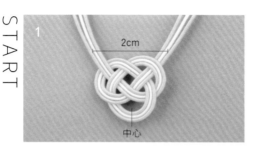

1

2cm

中心

取3條水引繩，在中央處編1個寬2cm的淡路結（→P.37）。

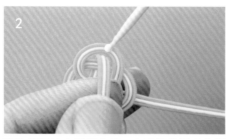

2

手持繩結的水引繩末端，在重疊收尾處的繩圈上塗抹木工用白膠＆黏合。

3

修剪。

剪去多餘的部分。裁剪時，使要裁剪的水引繩位於下側，沿圓弧小心地修剪。

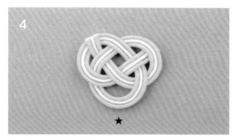

4

★

兩端以相同作法黏合＆修剪。

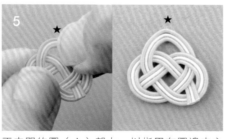

5

★　　　　　★

正中間的圓（★）朝上，以指甲在圓邊中心點輕輕地壓出摺痕，調整成圓尖狀。

FINISH

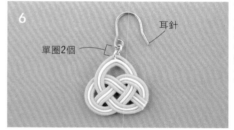

6

耳針

單圈2個

單圈穿過圓尖處最外側的一條水引繩，再取一個單圈串接上耳針。另一個作法亦同。

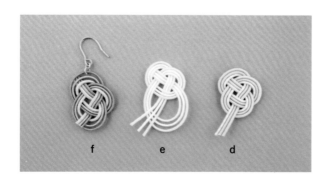

f　　　e　　　d

應用變化款

使用3條水引繩製作淡路線，但加入縱向延伸的趣味變化。
f
特意將淡路結打出大小不一的左右圓形，轉至縱長形的方向，再與耳針接連。
e
在淡路結中打1個大圓，單邊繩端預留較長的長度。
d
將淡路結的3個圓調整為相同尺寸，單邊繩端預留較長的長度。

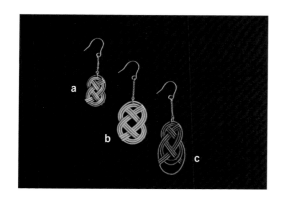

8字淡路結鎖鍊耳環

size 繩結　a：縱向2cm×橫向1cm／b：縱向2.5cm×橫向1.8cm
c：縱向3cm×橫向1.5cm／耳環長度4cm（不含耳針）

材料

・水引繩　20cm×12條
・耳針（U字・金色）1組
・單圈（0.6×3mm・金色）4個
・鍊子（金色）1cm×2條
・木工用白膠

※在此以作品**b**進行圖解教作。

START

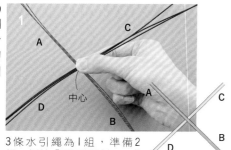

1

3條水引繩為1組，準備2組，編結「8字淡路結」。2組水引繩在中心點交叉，以右手捏住固定。

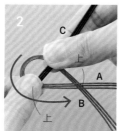

2

A繞過D上方後，往回拉＆重疊於B上方，作出一個圓，並以左手捏住A・D交叉處。

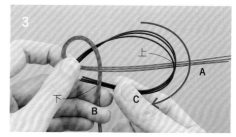

3

右手放開，C繞過A上方，穿往B下方。

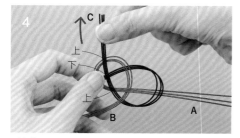

4

C依上→下→上的順序穿過繩圈。

5

左右的圓調整至相同大小，並整理整體結構，使2組水引繩之間稍微保留空隙。8字淡路結完成！

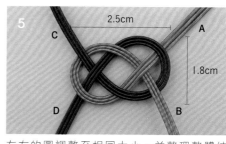

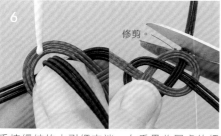

6

手持繩結的水引繩末端，在重疊收尾處的繩圈上塗抹木工用白膠。使要裁剪的3條水引繩位於下側，沿圓弧小心地修剪。各水引繩端皆以相同作法黏合＆修剪。

7

修剪。

耳針　單圈
單圈　鍊子

FINISH

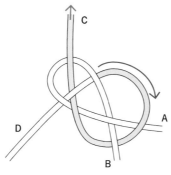

將繩結擺放成縱長形後，以單圈串接繩結、鍊子、耳針。另一個作法亦同。

應用變化款

a
收緊8字淡路結空隙的密實版。

c
在8字淡路結的單側圓邊編結出不等大的繩圈。

連續淡路結大圓耳環

size　耳環　縱向5.2cm×橫向3.5cm

材料
・水引繩　45cm×4條
・大圓耳環（圓環・45×30mm・金色）1組
・木工用白膠

START

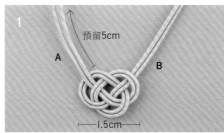

取2條水引繩製作「連續淡路結」。先編1個寬1.5cm的淡路結（→P.37），A端預留5cm。

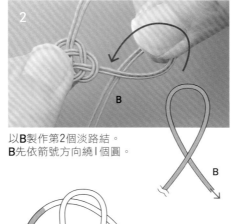

以B製作第2個淡路結。B先依箭號方向繞1個圓。

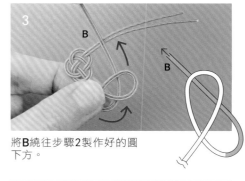

將B繞往步驟2製作好的圓下方。

依箭號方向拉往B上方。

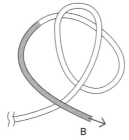

從步驟3製作的圓下方穿入。

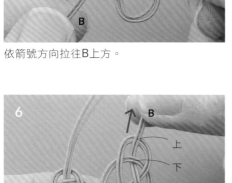

如圖所示，在圓內依上→下→上的順序穿繩。

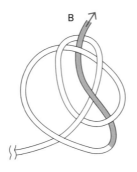

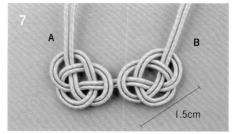

調整至第1個繩結相同大小，完成第2個淡路結，並使第1・2個繩結之間不留空隙。

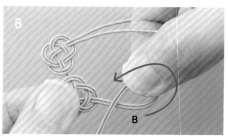
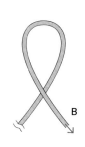

以B製作第3個繩結。B依箭號方向繞1個圓，但疊繞水引的方式與第2個繩結上下相反。

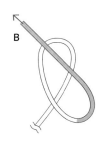

將B拉往步驟8完成的圓上方。

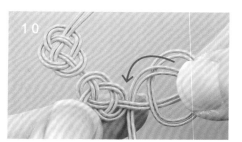

繞往下方，並手持固定。

如圖所示，依上→下→上→下的順序穿過繩圈。

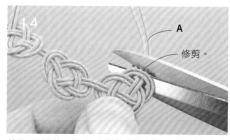

1.5cm

調整至前兩個繩結相同大小，完成第3個淡路結，並使各繩結之間緊密排列不留空隙。

A

手持繩結的水引繩末端，在重疊收尾處的繩圈上塗抹木工用白膠&黏合。

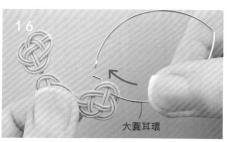

A
修剪。

使要裁剪的2條水引繩位於下側，沿圓弧小心地修剪。

以相同作法黏合&修剪另一端。

大圓耳環

從繩結邊緣的空隙穿入大圓耳環前端，再穿通連續淡路結。

如圖所示，像穿縫繩結般，在空隙之間穿過大圓耳環。另一個作法亦同。

FINISH

45

球 結 × 珠 飾 耳 環

size 長3.5cm（不含耳針）

材料

・水引繩　40cm×2條
・串珠　玻璃串珠（或任何材質／圓球型・6mm・白蛋白）2個
　　　　棉珍珠（圓球型・6mm・白色）2個
・單圈（0.6×3mm・金色）2個　・T針（0.5×20mm・金色）2條
・鍊子（金色）2cm×2條　・耳針（帶圈・金色）1組
・棉珍珠耳環後扣（10mm・淡米白）1組

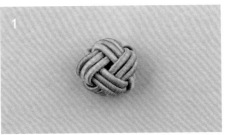

1

以重覆編繞3次走線的方式，完成球結（→P.40）。

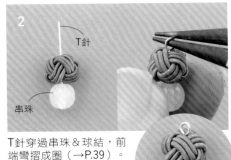

2　T針

串珠

T針穿過串珠＆球結，前端彎摺成圈（→P.39）。

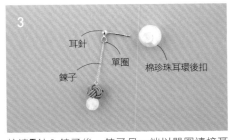

3　耳針

單圈

鍊子　棉珍珠耳環後扣

接連T針＆鍊子後，鍊子另一端以單圈連接耳針，即可與棉珍珠耳環後扣組合在一起進行配戴。另一個作法亦同。

平 梅 結 胸 針

size 繩結直徑3cm

材料

・水引繩　50cm×5條
・別針（25mm・黑色）1個
・木工用白膠
・金屬用接著劑

1　A　B

中心

3cm

取5條水引繩編「平梅結」。先在水引繩的中央處編1個3cm的淡路結（→P.37）。

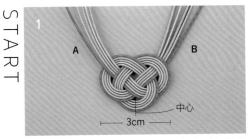

2　A　B

A從中心圈上方穿入，再作1個圈。

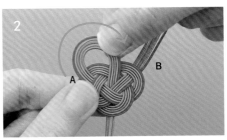

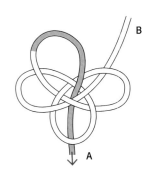

B

A

46

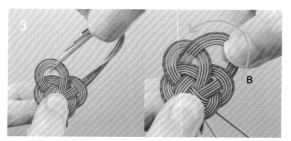

B從步驟2製作的圓上方穿繩。

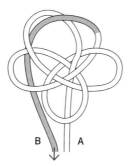

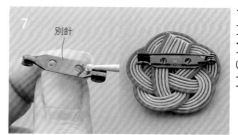

拉收A·B，調整形狀，平梅結完成！

將平梅結翻至背面側，手持繩結的水引繩末端，在重疊收尾處的繩圈上塗抹木工用白膠＆黏合。並以夾子加強固定，靜置至乾燥。

修剪。

翻回正面，沿圓弧小心地修剪多餘的部分。

別針

在別針背面塗一層薄薄的金屬用接著劑，黏貼固定於平梅結背面中央略上的位置。

P.15 平梅結髮夾

size　髮夾　縱向4cm×橫向7cm

材料

・水引繩　50cm×5條／40cm×4條／30cm×3條
・髮夾（附圓台・10×60mm・銀白色）1個
・木工用白膠
・金屬用接著劑

2cm
小
中
大
2.5cm
3cm

編結3個「平梅結」（→P.46）。大尺寸取5條50cm水引繩，中尺寸取4條40cm水引繩，小尺寸取3條30cm水引繩。

大

在大尺寸繩結的正面右下方塗抹木工用白膠。

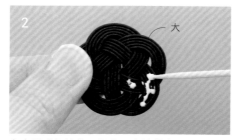

中

重疊黏合中尺寸繩結，並以夾子加強固定，靜置至乾燥。

在大尺寸繩結正面左下方塗抹木工用白膠。

小

重疊黏合小尺寸繩結，並以夾子加強固定，靜置至乾燥。

髮夾

髮夾圓台薄塗金屬用接著劑，黏合於大尺寸繩結邊緣處。

P.16 彩 色 線 條 耳 環 & 髮 夾

size　繩結邊長（正方形）大：1.1cm・中0.8cm・小0.5cm

材料

・水引繩　底層10cm×10條／表層2cm×10條
・髮夾（圓台・10 × 60mm・金色）1個
・木工用白膠
・金屬用接著劑　・紙膠帶　・透明資料夾

透明資料夾
紙膠帶
黏膠面

紙膠帶黏膠面朝上，固定於透明資料夾上。

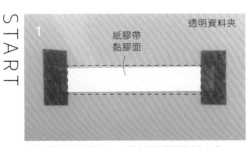

在紙膠帶上，無縫隙地排列貼上底層用的10條10cm水引繩。

在步驟2上方平均地塗抹木工用白膠，等待完全乾燥。

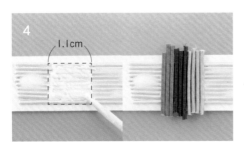

1.1cm

在邊長1.1cm正方形的範圍內塗上木工用白膠，排列貼上10條2cm的表層水引繩。

白膠乾燥後，撕下紙膠帶，裁剪成正方形。裁剪表層水引繩時，為免剪壞底層水引繩，請翻面進行。

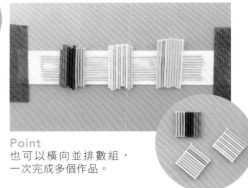

Point
也可以橫向並排數組，一次完成多個作品。

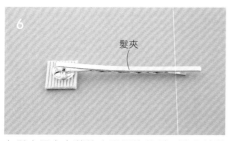

6

髮夾

在髮夾圓台上薄塗金屬用接著劑，貼合於繩結背面中心處。

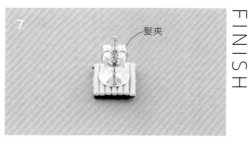

7

髮夾

製作耳針式耳環時，在耳針圓台上薄塗金屬用接著劑，貼合繩結背面中心處。

應用變化款

改變並排的水引繩條數，就能作出不同尺寸的作品。中尺寸並排7條，小尺寸並排5條，簡單貼合即可完成。

大　　中　　小

P.18　繡 球 花 耳 環

size　繩結直徑1.7cm

材料
・水引繩　40cm×2條
・無孔壓克力珍珠（圓球型・3mm）2個
・耳針（圓台・6mm・金色）1組
・木工用白膠　・金屬用接著劑

1

1.5cm

取1條水引繩，製作寬1.5cm的油花菜繩結（→P.41）。

2

花瓣中心

以指尖將花瓣中心處輕輕地壓凹。

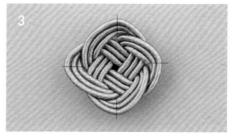

3

將四瓣都壓出輕微的凹陷，塑型出立體感。

4

在花朵中心塗上木工用白膠。

5

無孔壓克力珍珠

貼上無孔壓克力珍珠。

6

耳針

在耳針圓台上薄塗金屬用接著劑，黏合於繩結背面中心處。

49

 二 重 花 朵 耳 環

size　繩結直徑2.5cm

材
料

・水引繩　內層25cm×4條／外層30cm×6條
・珍珠　棉珍珠（或任何材質／圓球型・8mm）2個
・施華洛世奇水晶（#5810・8mm）2個
・耳針（圓台・6mm・金色）1組
・木工用白膠　・金屬用接著劑

START

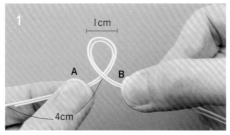

製作內層花朵。取2條水引繩製作「掛線結的梅花變化」。A預留4cm與B交叉，在上方繞出1個圓。

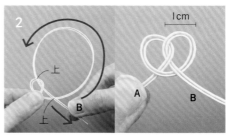

B從步驟1的圓上方穿過，作出第2個圓。

以步驟2相同作法，重覆2次，作出相同尺寸的4個圓。

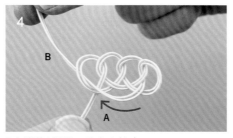

B穿過第1個圓，往上方拉出。

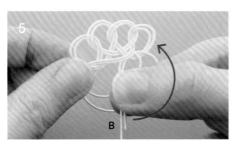

接著從第4個圓的水引繩上方，往圓的下方穿出。

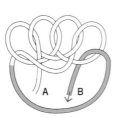

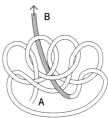

如圖所示，從中央水引繩上方穿入空隙之間。

50

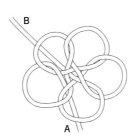

7
拉收水引繩，將5片花瓣調整至相同尺寸，並塑型出立體感。

8
A・B在背面打1次結。

打結。

9
剪斷。
0.5cm
剪斷。

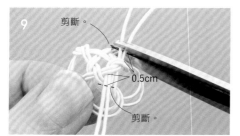

邊端保留0.5cm後剪線。

10

內層花朵完成。

11

2.5cm

製作外層花朵。取3條水引繩，製作寬2.5cm的「平梅結」（→P.46）。

12

往中央內凹，使花朵呈現立體感。

13

塑型成碗狀，外層花朵完成。

14
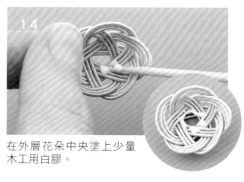

在外層花朵中央塗上少量木工用白膠。

15
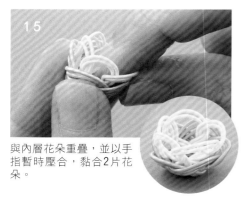

與內層花朵重疊，並以手指暫時壓合，黏合2片花朵。

16
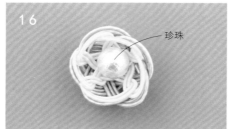

珍珠

將內層花朵中心塗上木工用白膠，黏上珍珠。

17

耳針

在耳針圓台上薄塗金屬用接著劑，黏合於繩結背面中心處。另一個作法亦同。

FINISH

 P.20

茶 花 胸 針

size 繩結 縱向3.4cm×橫向3.7cm

材料

・水引繩　花朵40cm×3條／雄蕊2cm×7條／葉子20cm×2條
・別針（25mm・黑色）1組
・木工用白膠
・金屬用接著劑

START

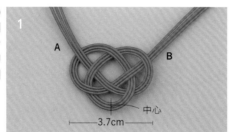

1

以「平梅結」製作花朵。先在3條水引繩中央處編1個寬3.7cm的淡路結（→P.37）。

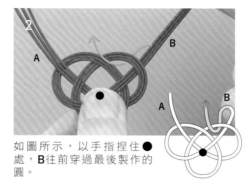

2

如圖所示，以手指捏住●處，B往前穿過最後製作的圓。

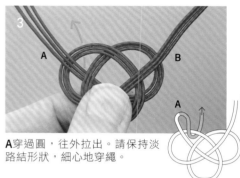

3

A穿過圓，往外拉出。請保持淡路結形狀，細心地穿繩。

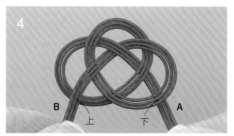

4

上下顛倒方向，手持繩結。

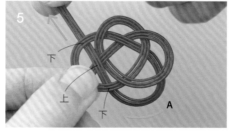

5

A依下→上→下的順序穿繩。

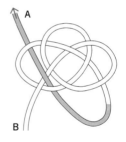

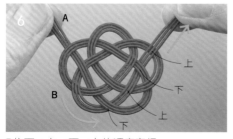

6

B依下→上→下→上的順序穿繩。

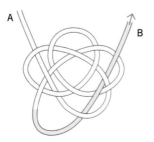

Point
如果覺得一次穿3條水引繩很困難，也可以從最內側的一條開始穿繩，再分次完成其餘兩條的穿繩作業。

7

繩結背面朝上，手持繩結的水引繩末端，在重疊收尾處的繩圈上塗抹木工用白膠＆黏合。

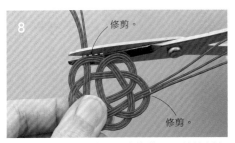

8 修剪。 修剪。

翻回正面，沿圓弧小心地修剪。兩端皆以相同作法黏合＆修剪。

9

平梅結完成。

10

花朵加上雄蕊。在圖示位置塗上少量的木工用白膠。此作品無正反面之分，以塗白膠側為背面即可。

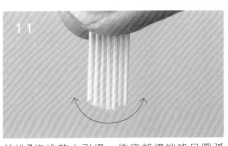

11

並排7條雄蕊水引繩，使底部繩端略呈圓弧形。

12

從正面側插入雄蕊的底部繩端，黏合於步驟10塗白膠的位置。

13 背面

整理水引繩，保持平整並排不重疊。

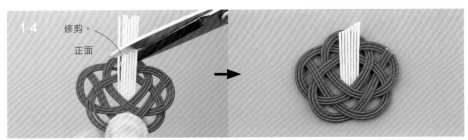

14 修剪。 正面

翻回正面，對照花瓣高度，斜向修剪雄蕊。雄蕊長度可依喜好調整。

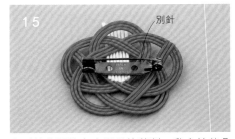

15 別針

在別針背面塗上金屬用接著劑，黏合於花朵背面中心處。

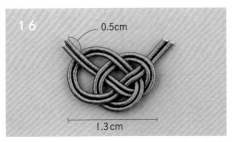

16 0.5cm

1.3cm

取2條水引繩編1個淡路結（→P.37），作為葉子。編結時將單側邊的圓作得略大些，水引繩端保留0.5cm後剪斷。

17

以木工用白膠，將葉子黏合於花朵背面喜歡的位置上。

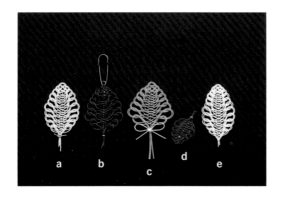

size 繩結 a:縱向8cm×橫向4.5cm／b:縱向8cm×橫向5cm
c:縱向9.5cm×橫向5.8cm／d:縱向5cm×橫向3cm
e:縱向7.5cm×橫向4cm

材料

・水引繩　90cm×2條
・花藝鐵絲　10cm×1條
・單圈（0.7×3.5mm・古董金）1個
・別針（35mm・古董金）1個

※在此以**b**繩結進行圖解教作。

S T A R T

1

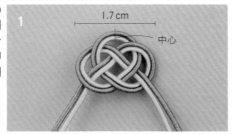

在2條水引繩中心處編1個寬1.7cm的淡路結，再將上下顛倒放置，完成第1段。

2

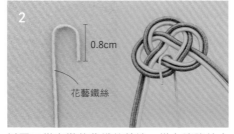

以平口鉗夾彎花藝鐵絲前端，掛在淡路結中央的圓上。

3

以平口鉗扭轉數次，固定鐵絲。

4

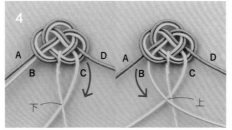

製作第2段。將右起第2條（**C**）穿往鐵絲下方，左起第2條（**B**）重疊於鐵絲上方。

5

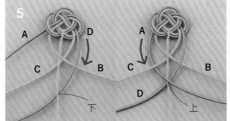

最右邊（**D**）穿過**B**的上方，再穿往鐵絲下方。接著，最左邊的（**A**）穿往**C**下方，重疊於鐵絲上方。

6

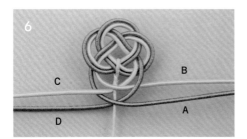

拉收4條水引繩。

7

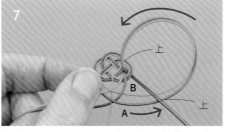
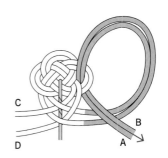

右邊2條（**A・B**）依箭號方向從前側插入淡路結右邊的圓中，再從新拉出的圓上方拉出水引繩。

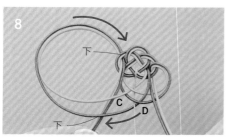

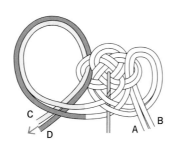

左邊2條（C‧D）依箭號方向從淡路結的左邊圓下方穿入，再往新完成的圓下方拉出水引繩。

(step 9 image)

拉收步驟7‧8的圓，將左右調整成相同大小，完成第2段。第2段的圓應比第1段略大一些。

製作第3段。同步驟4，將右起第2條水引繩穿往鐵絲下方，左起第2條交叉重疊於鐵絲上方。※以兩種顏色的水引繩製作時，交叉重疊的顏色順序與第2段相反。

以步驟5相同作法，最右繩穿往鐵絲下方，最左繩交叉重疊於鐵絲上方。

將左右兩側的各2條水引繩，分別從步驟7至9製作的第2段右圓上方、左圓下方穿繩繞圓，再調整至比第2段略大一些，完成第3段。

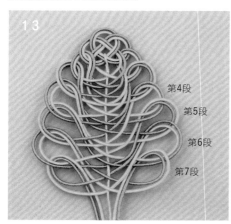

以步驟10至12相同方式製作，持續編結至第7段。並參照圖示，調整各段圓的大小，作出葉子的形狀。段數亦可依喜好增減。

應用變化款 在花藝鐵絲的上方，以水引繩加以裝飾。
a取1條水引繩打平結（→P.58）裝飾。
c取1條水引繩打蝴蝶結裝飾。

收攏4條水引繩，以鐵絲纏繞2次固定。

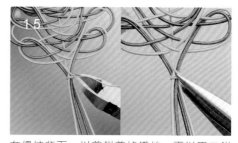

在繩結背面，以剪鉗剪掉鐵絲，再以平口鉗壓合鐵絲前端。

水引繩端保留1.5cm剪線。

在繩結的頂端以單圈接連別針。

FINISH

蝴 蝶 結 胸 針

size　縱向3cm×橫向6cm

....

材料

・水引繩　90cm×6條／20cm×1條
・別針（25mm・黑色）1個
・木工用白膠

START

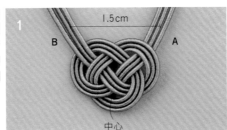

1　取3條90cm水引繩，縱向連接製作「連續淡路結」。在3條水引繩中央處編1個寬1.5cm的淡路結（→P.37）。

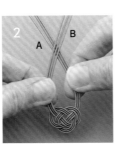

2　製作第2段的淡路結。以與第1段相反的方式交叉重疊水引繩，使B交叉疊放於上方，形成水滴狀。

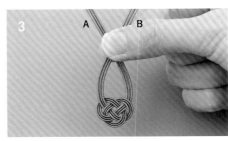

3　以右手捏住交叉處。

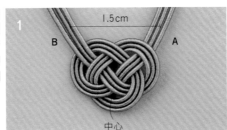

4　A依箭號方向，拉往步驟2完成的圓下方繞圓。

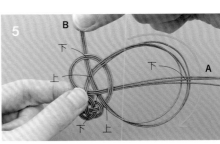

5　B依箭號方向，拉往A下方繞圓，再依上→下→上→下的順序穿繩。

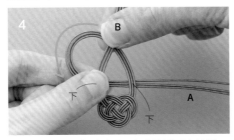

6　調整圓的尺寸，完成第2段淡路結。第2段應比第1段略大一些。

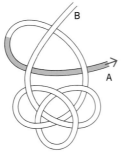

7　製作第3段淡路結。以與第2段相反的方式交叉重疊水引繩，使A交叉疊放於上方，形成水滴狀。

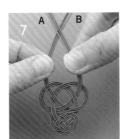

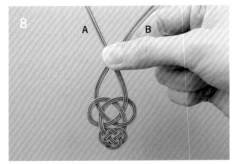

8

A   B

以右手捏住交叉處。

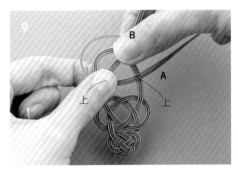

9

B

上   上

A

A依箭號方向，拉往步驟7完成的水滴圈上方繞圓。

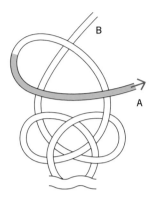

B

A

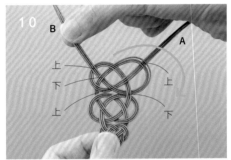

10

B

上   上
下   下
上

A

B依箭號方向，拉往A上方繞圓，再依下→上→下→上的順序穿繩。

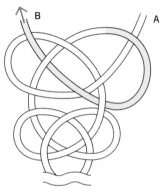

B   A

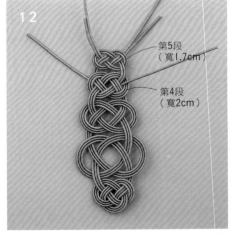

11

2.5cm

調整圓圈，完成第3段淡路結。第3段的淡路結應比第2段略小一些。

12

第5段
（寬1.7cm）

第4段
（寬2cm）

第4段依步驟2至6相同作法製作。第5段則僅使用左右內側的2條水引繩，依步驟7至11相同作法製作。

13

手持繩結的水引繩末端，在重疊收尾處的繩圈上塗抹木工用白膠＆黏合，並以夾子加強固定，靜置至乾燥。

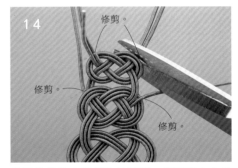

14

修剪。

修剪。

修剪。

使要裁剪的水引繩位於下側，沿圓弧小心地修剪。以相同作法黏合＆修剪所有繩端。

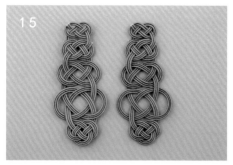

依步驟1至14相同作法，編2條連續淡路結。

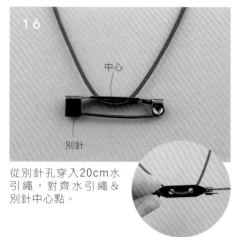

中心

別針

從別針孔穿入20cm水引繩，對齊水引繩＆別針中心點。

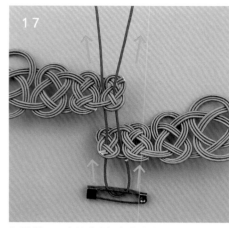

如圖所示，穿過第5段淡路結空隙。

穿過第1段的淡路結。

拉緊穿過空隙後的水引繩，調整成蝴蝶結形狀。

打平結。

水引繩在蝴蝶結中心處打一個平結。

〔平結〕

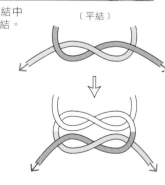

FINISH

在打結處塗上少量木工用白膠，拉緊結目。

0.5cm 0.5cm

白膠乾燥後，水引繩端保留0.5cm剪線。

圓 圈 圈 耳 環

size 繩結直徑 5 cm

....

材料	・水引繩　90cm×3 條
	・耳針（帶圈・11mm・金色）1 個
	・木工用白膠

START

1

在3條水引繩的中心處，以**B**交叉重疊於**A**上方，作1個水滴圈。此處的水引繩重疊方式與「淡路結」（→P.37）相反。

2

以右手捏住交叉處。

3

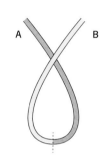

A依箭號方向，拉往步驟1完成的圓下方繞圓。

4

以左手捏住重疊處，放開右手。

5

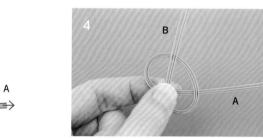

B依箭號方向，拉往**A**下方繞圓，再依上→下→上→下的順序穿繩。

6

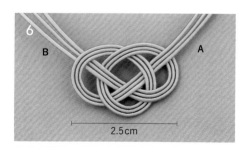

2.5cm

拉收水引繩，讓左右的圓大小一致。

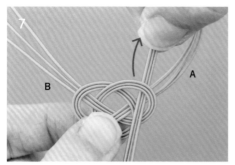

A從最後穿入的圓內側，往外拉出水引繩。

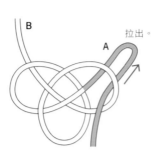

確認A‧B分別從左右圓的下方穿出水引繩。

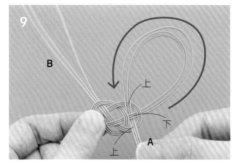

A依箭號方向繞圓後，依上→下→上的順序穿繩，再拉收水引繩，調整成與淡路結左右側的圓圈相同大小。

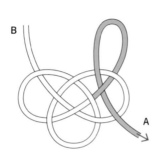

B從最後穿入的圓圈中，拉出水引繩。

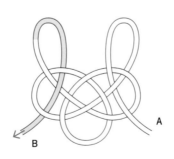

B依箭號方向繞圓，並依下→上→下的順序穿繩。

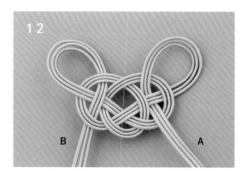

拉收水引繩，調整成與淡路結左右側圓圈相同大小。

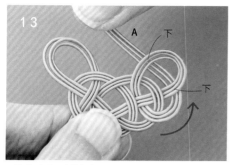

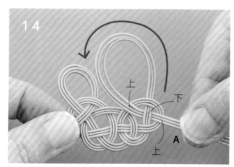

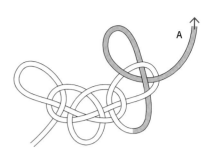

A拉往步驟9編結的圓下方。

依上→下→上的順序穿繩。

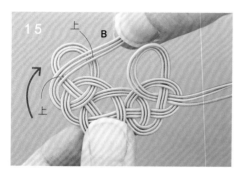

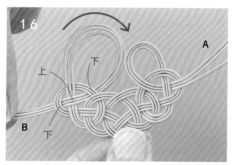

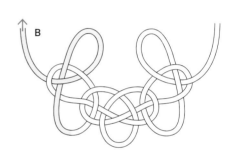

B拉往步驟11編結的圓上方。

依下→上→下的順序穿繩。

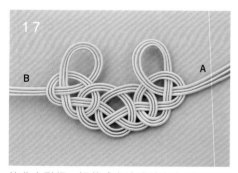

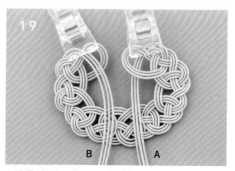

拉收水引繩,調整成與淡路結左右側圓圈相同大小。

再重覆2次步驟13至17。

A重疊於圓下方,B重疊於圓上方,以夾子固定。

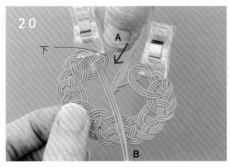

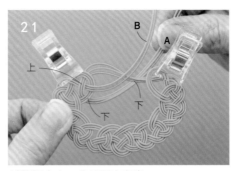

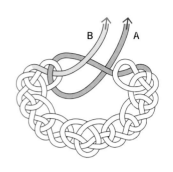

20 A繞往左邊圓的下方穿繩。

21 A越過B上方，往圓下方穿出。

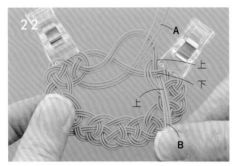

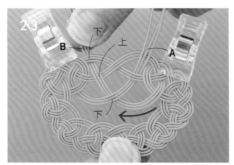

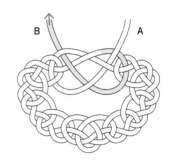

22 B拉往A下方，在右邊圓處依上→下→上的順序穿繩。

23 再繞往左邊圓，依下→上→下的順序穿繩。

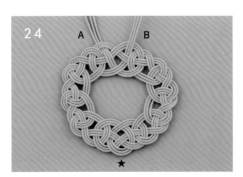

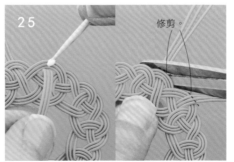

24 拉收水引繩，調整成花圈形狀。

25 手持繩結的水引繩末端，在重疊收尾處的繩圈上塗抹木工用白膠＆黏合。再使要裁剪的水引繩位於下側，沿圓弧小心地修剪。兩繩端皆以相同方式黏合＆修剪。

修剪。

26 以平口鉗打開耳針的單圈，掛接於步驟24水引繩★記號處。

耳針

FINISH

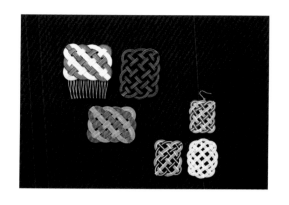

方形耳環＆髮梳

P. 26
P. 27

size　小　縱向3cm×橫向4cm（不含耳針）
　　　大　縱向4cm×橫向5cm（不含髮梳）

材料

繩結（1個）
・水引繩　小45cm×6條／大60cm×10條
・木工用白膠
耳針
・單圈（0.7×3.5cm・金色）1個
・耳針（U字・金色）1個

髮梳
・髮梳（12齒・金色）1個
・鐵絲（0.3mm・金色）5cm×2條

耳針（大・小）　※在此以小方形進行圖解教作。

START

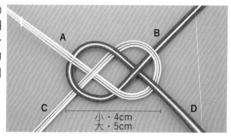

小・4cm
大・5cm

以3條水引繩（大・5條）為1組，取2組製作8
字淡路結（→P.43）。

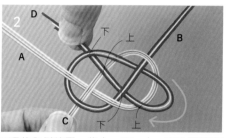

D順著內側繞圈，依上→下→上→下的順序穿
繩。

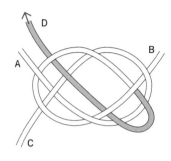

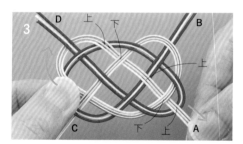

A順著內側繞圈，穿過D下方，依上→下→上
→下→上的順序穿繩。

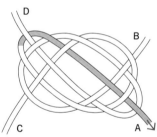

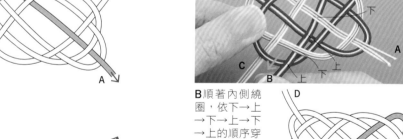

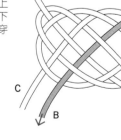

B順著內側繞
圈，依下→上
→下→上→下
→上的順序穿
繩。

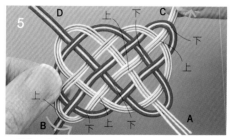

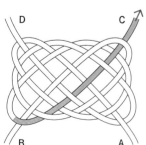

C順著內側繞圈，越過B上方，依下→上→下
→上→下→上→下的順序穿繩。

63

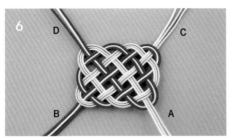

6

D   C

B   A

拉收水引繩，調整成稍有寬度的長方形。

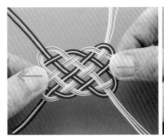

Point
拉出繩結形狀後仍可改變調整。橫向往外拉變成長方形，往內縮則變成正方形。

7

手持繩結的水引繩末端，在重疊收尾處的繩圈上塗抹木工用白膠＆黏合。

8   修剪。

使要裁剪的水引繩位於下側，沿圓弧小心地修剪。四個繩端皆塗抹木工用白膠＆黏合，並修剪整齊。

9   耳針
                    單圈

FINISH

繩結擺放成縱長形，再以單圈接連耳針。

髮梳（大）

1

以5條水引繩為1組，依耳針款相同作法編結，再以錐子在底側邊角處鑽出空隙。

2

鐵絲

如圖所示，在步驟1鑽出空隙的兩底角水引繩處，各自穿過1條鐵絲。

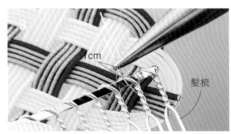

3

1cm

髮梳

在髮梳邊緣算起的第2、3齒之間，以平口鉗纏捲鐵絲1cm，固定髮梳＆繩結。

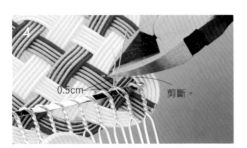

4

0.5cm   剪斷。

保留纏捲處0.5cm，以剪鉗剪斷。

5

為免鐵絲端刺傷肌膚，以平口鉗將鐵絲往繩結側壓摺。

6

另一端也以相同作法固定，完成！

龜 結 髮 束

size 繩結 縱向3.8cm×橫向3cm

材料	・水引繩　45cm×3條 ・單圈（0.6×3mm・金色）1個 ・髮束（帶圈・金色×黑色）1個 ・木工用白膠

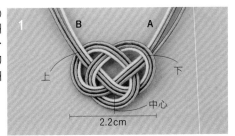

1 取3條水引繩製作「龜甲繩結」。先在水引繩中心處編1個寬2.2cm的淡路結（→P.37）。

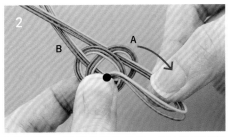

2 如圖所示，以手指捏住●處，將A從圓中拉出。

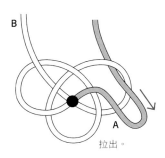

拉出。

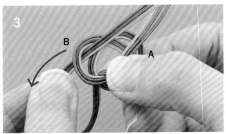

3 避免淡路結的形狀散開，小心地將B也從圓中拉出。

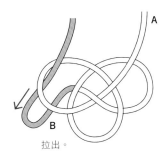

拉出。

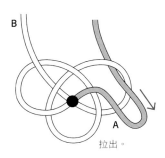

（continued diagram）

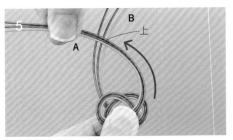

4 呈現A重疊於上方，B位於下方的狀態。

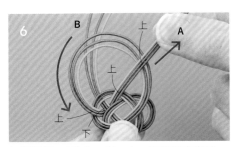

5 A依箭號方向拉往B上方繞圓。

6 如圖所示，A依上→下→上→下的順序穿繩。

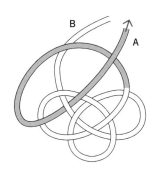

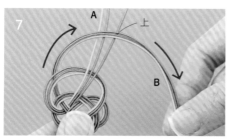

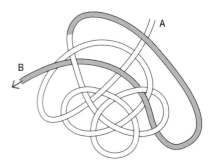

B依箭號方向拉往A上方繞圓。

如圖所示，B依下→上→下→上→下→上的順序穿繩。

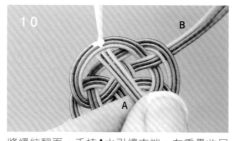

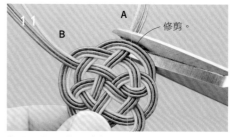

拉收水引繩，調整形狀。

將繩結翻面，手持A水引繩末端，在重疊收尾處的繩圈上塗抹木工用白膠＆黏合。

翻回正面，沿圓弧小心地修剪A水引繩端。

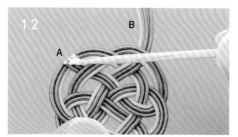

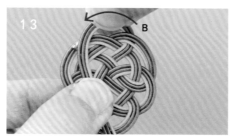

將繩結翻面，在A水引繩端塗上木工用白膠。

B依箭號方向繞圈，重疊＆黏合於A水引繩端上方。

以夾子固定，靜置等待乾燥。

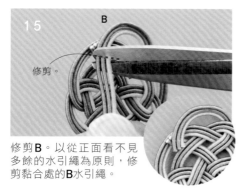

修剪B。以從正面看不見多餘的水引繩為原則，修剪黏合處的B水引繩。

以手指按壓＆調整形狀，使繩結呈現弧度。

將單圈穿過步驟1淡路結外側的一條水引繩，再與髮束接連在一起。

髮束
單圈

花朵淡路結髮梳

size 繩結 縱向3.5cm×橫向5.5cm

材料

・水引繩 55cm×3條
・髮梳（12齒・金色）1個
・鐵絲（0.3mm・金色）5cm×2條
・木工用白膠
・金屬用接著劑

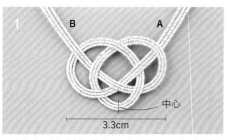

取3條水引繩製作「花朵淡路結」。在水引繩中心處編1個寬3.3cm的淡路結（→P.37）。

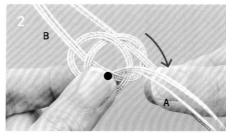

如圖所示，以手指捏住●處，從圓內拉出A。

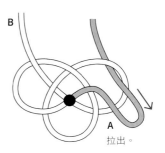

拉出。

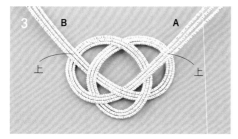

A・B水引繩分別重疊於左右圓上方。

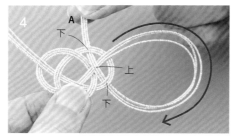

A依箭號方向繞圓，依下→上→下的順序穿繩。

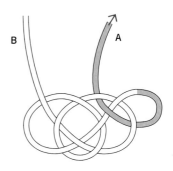

拉收水引繩，調整形狀。

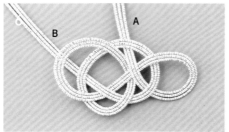

將B從圓內往下拉出。

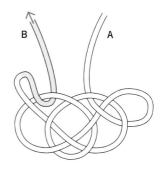

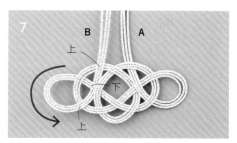 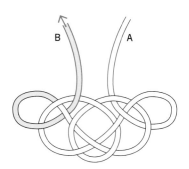 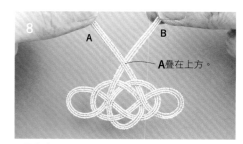

B依箭號方向繞圓，以上→下→上的順序穿繩。拉收水引繩，調整形狀。

A疊在上方，與B交叉。

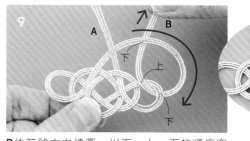  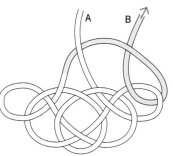

B依箭號方向繞圓，以下→上→下的順序穿繩。再調整成與步驟4製作的圓相同尺寸。

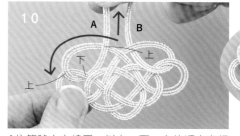  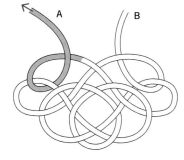

A依箭號方向繞圓，以上→下→上的順序穿繩&調整形狀。將★處的4個圓調整成等大的尺寸，即可完成美麗又精緻的花朵淡路結。

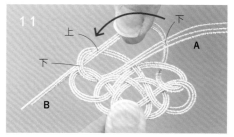  

B依箭號方向拉往A下方，從左邊的圓上方穿繩。

A拉往右邊的圓下方穿繩。

拉收水引繩，調整形狀。

手持繩結的水引繩末端，在重疊收尾處的繩圈上塗抹木工用白膠＆黏合。

修剪。

使要裁剪的水引繩位於下側，沿圓弧小心地修剪。

另一端也以相同作法黏合＆修剪水引繩。

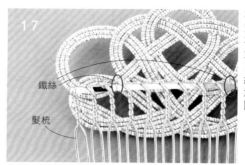

鐵絲

髮梳

在圖示圈記處，取鐵絲穿過3條水引繩，再掛在髮梳兩側邊算起的第3、4齒之間，以平口鉗纏捲固定髮梳＆繩結（參見P.64髮梳作法）。左右兩端皆以相同作法固定。

FINISH

P.30 髮飾結帶留

size　繩結 縱向3.5cm×橫向7cm

材料

・水引繩　65cm×5條
・木工用白膠

START

B

A

3.2cm

中心　　2.5cm

取5條水引繩製作「髮飾結」。先在水引繩中心處將A交叉重疊於B上，作1個水滴圈，並以夾子固定交叉處。

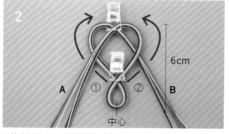

A ① ② B

6cm

中心

B依箭號方向繞圓後往回拉，A再重疊於B上方繞圓＆往回拉。上方交叉處也以夾子固定。

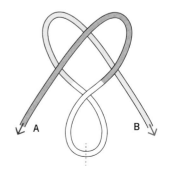

A　　　　B

69

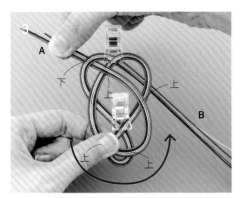
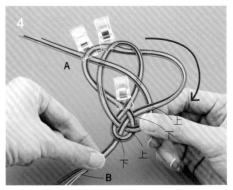
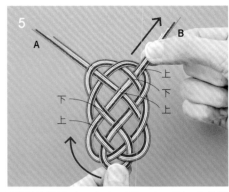

A依箭號方向，拉往步驟1完成的圓上方繞圓，再依上→上→上→上→下的順序穿繩。

以夾子固定A繩端，B依箭號方向，穿過步驟1、3完成的圓，依上→下→上→下的順序穿繩。

B繞往箭號方向，依上→下→上→下→上的順序穿繩。

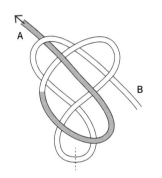

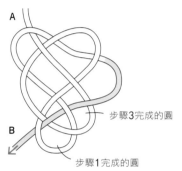

步驟3完成的圓

步驟1完成的圓

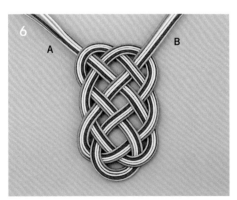
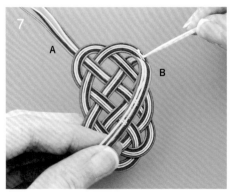
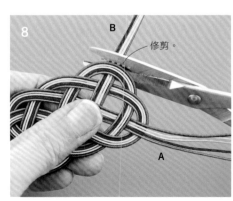

拉收水引繩，整理形狀＆調整空隙。

手持B水引繩末端，在重疊收尾處的繩圈上塗抹木工用白膠＆黏合。

將繩結翻面，沿圓弧小心地修剪B水引繩端。

修剪。

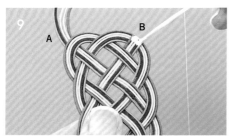

翻回正面，將B繩端塗上木工用白膠。

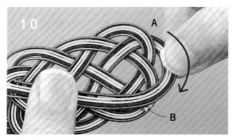

A往箭號方向繞圓，重疊&黏合於B上方。

以夾子固定，靜置至乾燥。

修剪。

修剪A。以從正面看不見多餘的水引繩為原則，修剪黏合處的A水引繩。

以手指自背面按壓&調整形狀，使繩結呈現弧度。

在繩結的空隙之間穿入繩帶，即可作為帶留使用。

P. 31 **松 結 髮 夾**

size　繩結 縱向3.8cm×橫向7cm

材料

・水引繩　60cm×5條
・髮夾（60mm・金色）1個
・木工用白膠
・金屬用接著劑

START

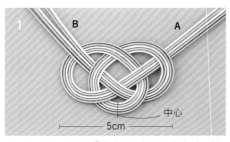

取5條水引繩製作「松樹繩結」。先在水引繩中心處編1個寬5cm，左右圓尺寸稍微大一些的淡路結（→P.37）。

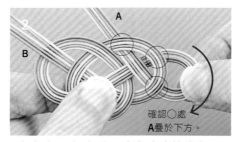

確認○處
A疊於下方。

A在右邊回繞1個圓，夾入淡路結的右圓下方，以夾子固定交叉處。

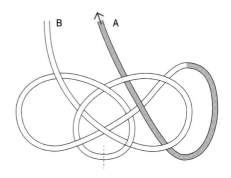

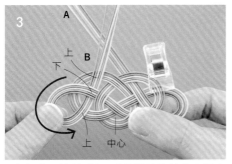

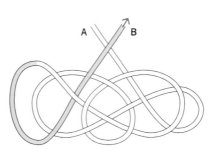

B在左邊回繞1個圓,重疊於淡路結的左圓上方。

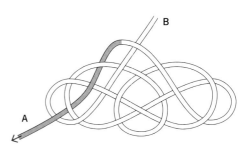

以夾子固定圖示位置。

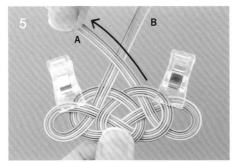

A拉往B上方,交叉重疊。

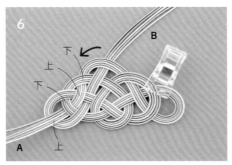

A穿過左邊2個圓圈,依下→上→下→上的順序穿繩,並在穿繩過程中適時移開夾子。

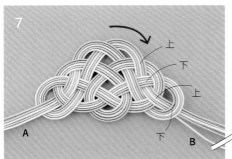

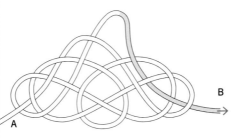

B穿過右邊2個圓圈,依上→下→上→下的順序穿繩,並在穿繩過程中適時移開夾子。完成後拉收水引繩,調整形狀。

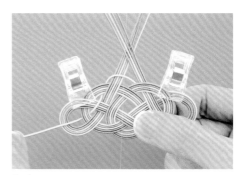

Point
若一次穿5條水引繩很困難,可以從內側的水引繩起,一條一條地進行穿繩。

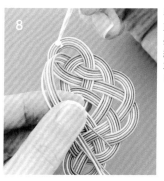

8 手持水引繩末端，在重疊收尾處的繩圈上塗抹木工用白膠＆黏合。

9 修剪。

10 使要裁剪的水引繩位於下側，沿圓弧小心地修剪。

以相同作法，黏合＆修剪左右水引繩端。

11 背面

為免從正面看見髮夾，以同色系的水引繩（指定材料之外）隨機地穿入繩結的空隙。

12 正面

從正面檢視空隙是否填滿。

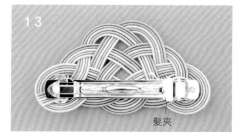

13

髮夾塗上金屬用接著劑，黏貼於繩結背面下側位置。

髮夾

P.32　繩圈項鍊

size　繩結 橫向15cm／項鍊長度60cm

材料

・水引繩　90cm×5條
・單圈（0.6×3mm・銀白色）2個
・中山夾（5mm・銀白色）2個
・項鍊鍊子（40cm・銀白色）1條
・木工用白膠　・透明資料夾　・紙膠帶

1 A　1.3cm　B

A　預留4cm。　B

製作組件。取1條水引繩製作「掛線結」。A端預留4cm，B交叉重疊於上方，繞1個水滴圈。

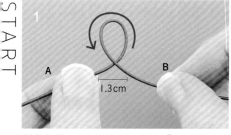

2 A　B

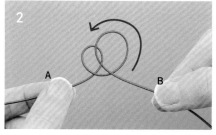

A　B

B從上方穿過步驟1製作的圓圈，製作第2個圓圈，尺寸與第1個圓圈相同。

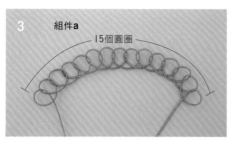

組件a

15個圓圈

重複步驟2相同作法，共作出15個圓圈，完成組件a。

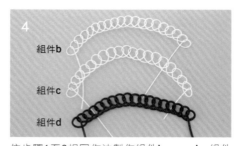

組件b

組件c

組件d

依步驟1至3相同作法製作組件b・c・d。組件b製作20個0.9cm圓圈，組件c製作21個1cm圓圈，組件d以2條水引繩製作18個1cm圓圈。

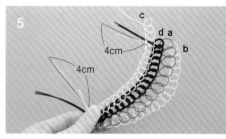

c

d a

4cm

4cm

b

依b→a→d→c的順序重疊組件，並以手抓齊邊端的圓圈，將兩端的水引繩長度統一裁剪成4cm。

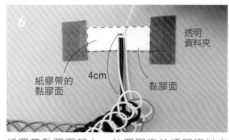

透明資料夾

紙膠帶的黏膠面

4cm

黏膠面

紙膠帶黏膠面朝上，放置固定於透明資料夾上方。對齊水引繩端後，並排黏貼在紙膠帶上，在距邊0.5cm處塗上木工用白膠，靜置至乾燥。

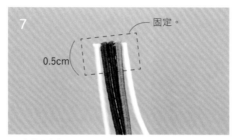

固定。

0.5cm

兩端皆以木工用白膠固定。

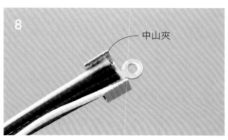

中山夾

將水引繩邊端放在中山夾上。

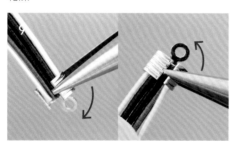

以平口鉗夾彎中山夾的兩側片。

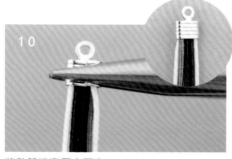

將整體確實壓合固定。

另一端也以相同作法裝上中山夾。

以剪鉗將鍊子對半剪斷。

單圈

以單圈接連鍊子端&中山夾。

FINISH

淡路結並接項鍊

size　繩結　縱向3cm×橫向8.5cm／項鍊長48cm

材料

- 水引繩　90cm×3條
- 單圈（0.6×3mm・銀白色）2個
- 中山夾（6mm・銀白色）2個
- 項鍊鍊子（40cm・銀白色）1條
- 木工用白膠

START

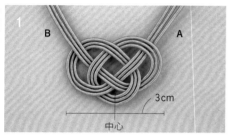

取3條水引繩，縱向排列製作「淡路結並接繩結」。在3條水引繩的中心處編1個寬3cm的淡路結（→P.37）。

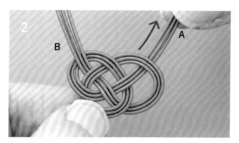

拉緊A，僅將左圓拉收得略小一些，呈現不對稱造型。

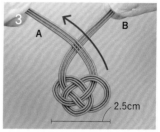

製作第2段的淡路結。A拉往B上方交叉重疊，作出水滴狀的圓圈。

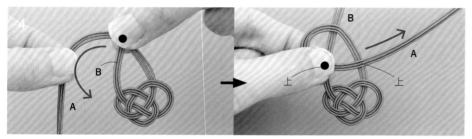

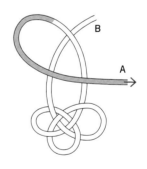

以右手捏住交叉處，A拉往B上方繞圓，並改以左手捏住與B交叉處，放開右手。

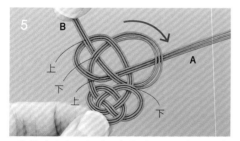

B依箭號方向，拉往A上方繞圓，再依下→上→下→上的順序穿繩。

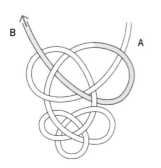

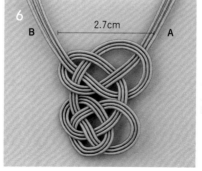

使第2段比第1段的尺寸稍大一圈，並依步驟2相同作法，將左圓拉收得略小一點，完成第2段淡路結。

75

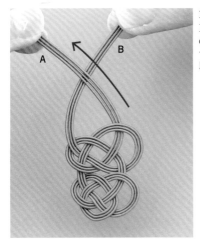

第3段起，皆使A在上方交叉
重疊出水滴圈，並依步驟3至
6相同作法製作，使右圈比前
一段的尺寸略大，共編結出5
段淡路結。

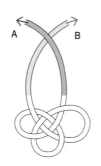

完成5段淡路結。

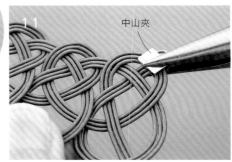

第5段
（寬3.2cm）
第4段
（寬3cm）
第3段
（寬2.8cm）

大↑
↓小

手持繩結的水引繩末端，在重疊收尾處的繩
圈上塗抹木工用白膠＆黏合。

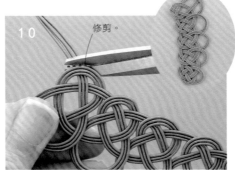

修剪。

使要裁剪的水引繩位於下側，沿圓弧小心地
修剪。以相同作法黏合＆修剪左右繩端。

中山夾

在繩結邊緣（淡路結的較小圓圈側）加上中
山夾，以平口鉗壓合固定。

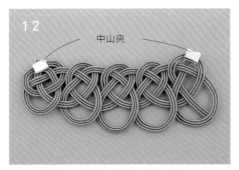

中山夾

以相同作法，在左右兩處加上中山夾。

項鍊鍊子
單圈　　　　　　單圈

以剪鉗將項鍊鍊子對半剪斷，再以單圈接連
中山夾。

FINISH

淡 路 結 並 接 手 環

size　繩結 縱向2cm／手鍊長度17cm

材料

- 水引繩　90cm×6條
- 單圈（0.6×3mm・金色）2個
- 中山夾（15mm・金色）2個
- 壓釦（金色）1個
- 木工用白膠

START

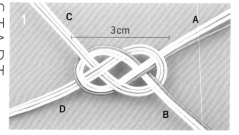

以3條水引繩為1組，取2組編結寬3cm的「8字淡路結」（→P.43）。

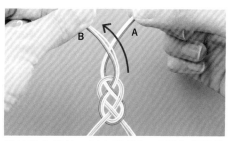

繩結縱向擺放，以水引繩A・B製作相連的「連續淡路結」。B重疊交叉於A上方，製作水滴圈。

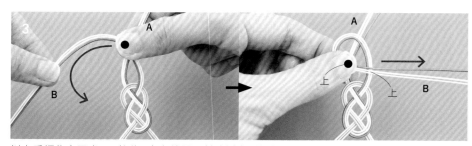

以右手捏住交叉處，B拉往A上方繞圓，並改以左手捏住與A交叉處，放開右手。

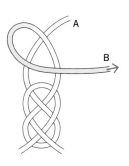

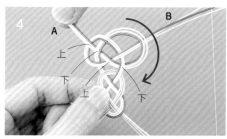

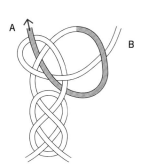

A依箭號方向，拉往B上方繞圓，再依下→上→下→上的順序穿過步驟2・3製作的圓圈。

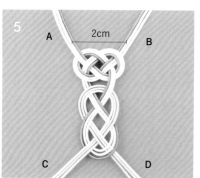

拉收水引繩，調整形狀，並使8字淡路結＆淡路間之間不留過多的空隙。

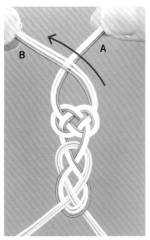

皆使B在上方重疊交叉出水滴圈,並依步驟2至5相同作法製作淡路結。

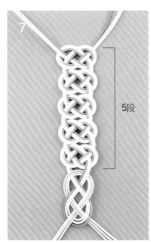

完成5段淡路結。

5段

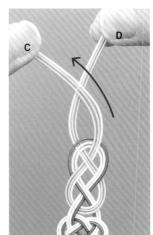

繩結上下顛倒放置,以水引繩C·D縱向製作「連續淡路結」。C在上方重疊交叉出水滴圈,並依步驟2至7相同作法編結。

完成5段淡路結。

5段

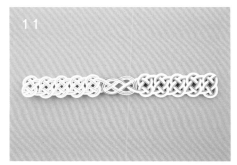

修剪。

手持繩結的水引繩末端,在重疊收尾處的繩圈上塗抹木工用白膠&黏合。再使要裁剪的水引繩位於下側,沿圓弧小心地修剪。

11

其餘三處繩端也以步驟10相同作法黏合&修剪。

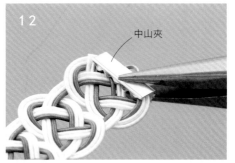

中山夾

以中山夾夾住繩結邊緣處,並以平口鉗壓合固定。

繩結兩端皆加上中山夾。

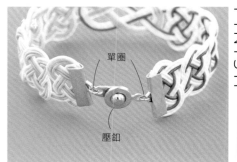

單圈

壓釦

以單圈連接壓釦&中山夾。

FINISH

關於作者
mizuhikimie（東鄉美榮子）
水引繩結藝術家。出生於福井縣坂井市。在石川縣金澤市與傳統工藝水
引繩結相遇後，開啟自學之路。2013年開始以作家身分舉辦活動。除了
製作原創作品及設計賀年卡之外，也舉辦個展及工作坊。以鮮艷色彩的
巧妙搭配＆融入新感性元素的作品獲得了廣大的支持。
https://mizuhikimie.thebase.in

趣·手藝 **101**

清新又可愛！
有設計感の水引繩結飾品

作　　　者／mizuhikimie
譯　　　者／楊淑慧
發　行　人／詹慶和
總　編　輯／蔡麗玲
執行編輯／陳姿伶
編　　　輯／蔡毓玲·劉蕙寧·黃璟安·陳昕儀
執行美編／韓欣恬
美術編輯／陳麗娜·周盈汝
出　版　者／Elegant-Boutique新手作
發　行　者／悅智文化事業有限公司　郵政劃撥帳號／19452608
戶　　　名／悅智文化事業有限公司
地　　　址／220新北市板橋區板新路206號3樓
電　　　話／(02)8952-4078　傳真／(02)8952-4084
網　　　址／www.elegantbooks.com.tw
電子郵件／elegant.books@msa.hinet.net

2019年12月初版一刷　定價320元

Lady Boutique Series No.4473
MIZUHIKI ZAIKU NO ACCESSORY
© 2017 Boutique-sha, Inc.
All rights reserved.
Original Japanese edition published in Japan by BOUTIQUE-SHA.
Chinese (in complex character) translation rights arranged with
BOUTIQUE-SHA.
through Keio Cultural Enterprise Co., Ltd., New Taipei City, Taiwan.

經銷／易可數位行銷股份有限公司
地址／新北市新店區寶橋路235巷6弄3號5樓
電話／(02)8911-0825　傳真／(02)8911-0801

國家圖書館出版品預行編目(CIP)資料

清新又可愛!有設計感の水引繩結飾品 / mizuhikimie著；
楊淑慧譯.
　-- 初版. -- 新北市：新手作出版：悅智文化發行, 2019.12
　　面；　公分. -- (趣.手藝；101)
　ISBN 978-957-9623-45-2(平裝)

　1.編結 2.手工藝

　426.4　　　　　　　　　　　　　　　108017370

Staff
●日本原書製作團隊
　編輯：井上真實·相澤若菜
　攝影：久保田あかね
　作法攝影：居木陽子
　書籍設計：sugar mountain（中山夕子）
　排版（P.35至P.78）：POOL GRAPHIC
　製圖：原山惠
　妝髮造型：三輪昌子
　模特兒：HANNA

趣・手藝 41

Q時玩偶出沒注意！
輕鬆手作112隻療癒系の可愛不織布動物
BOUTIQUE-SHA◎授權
定價280元

趣・手藝 42
【完整教學圖解】
摺×疊×剪×刻4步驟完成120款美麗剪紙
BOUTIQUE-SHA◎授權
定價280元

趣・手藝 43
9位人氣作家可愛發想大集合
每天都想使用的萬用橡皮章圖案集
BOUTIQUE-SHA◎授權
定價280元

趣・手藝 44
動物系人氣手作！
DOGS & CATS・可愛の掌心貓狗動物偶
須佐沙知子◎著
定價300元

趣・手藝 45
初學者の第一本UV膠飾品教科書
從初學到進階！製作超人氣作品の美麗小物
熊崎堅一◎監修
定價350元

趣・手藝 46
定食、麵包、拉麵、甜點、蔬菜
擬真度100%！輕鬆作112の微型樹脂土美食76道
ちょび子◎著
定價320元

趣・手藝 47
全部OK！親子同樂腦力遊戲完全版・翻花繩大全集
野口廣◎監修
主婦之友社◎授權
定價399元

趣・手藝 48
牛奶盒作の美麗飾盒設計60選
BOUTIQUE-SHA◎授權
定價280元

趣・手藝 50
CANDY COLOR TICKET
超可愛の糖果系透明樹脂×樹脂土甜點飾品
CANDY COLOR TICKET◎著
定價320元

趣・手藝 49
擬真度點土！MARUGOの彩色多肉植物日記
丸子(MARUGO)◎著
定價350元

趣・手藝 51
Rose window美麗&透光：玫瑰窗對稱剪紙
平田朝子◎著
定價280元

趣・手藝 52
玩點土・作陶瓷！可愛北歐風別針77選
BOUTIQUE-SHA◎授權
定價280元

趣・手藝 53
New Open・開心玩・開一間超人氣の不織布甜點屋
堀內さゆり◎著
定價280元

趣・手藝 54
Paper・Flower・Gift・小清新生活美學・可愛の立體剪紙花飾
くまだまり◎著
定價280元

趣・手藝 55
每日の趣味・剪開信封輕鬆作紙雜貨
宇田川一美◎著
定價280元

趣・手藝 56
可愛限定！KIM'S 3D不織布動物遊樂園
陳春金・KIM◎著
定價320元

趣・手藝 57
開店指南，不織布の幸福料理日誌
BOUTIQUE-SHA◎授權
定價280元

趣・手藝 58
花・葉・果實の立體刺繡書
以鐵絲勾勒輪廓・繡製出漸層色彩的立體花朵
アトリエ Fil◎著
定價280元

趣・手藝 59
袖珍食物&微型店舖230選
大野幸子◎著
定價350元

趣・手藝 60
可愛到不行的不織布點心
寺西恵里子◎著
定價280元

趣・手藝 61
手繪塗鴉！木器彩繪練習本
BOUTIQUE-SHA◎授權
定價350元

趣・手藝 62
不織布Q手作：超萌狗狗總動員
陳春金・KIM◎著
定價350元

趣・手藝 63
NanaAkua◎著
定價350元

趣・手藝 64
開心玩黏土！MARUGO彩色多肉植物日記2
丸子(MARUGO)◎著
定價350元

趣・手藝 65
一學就會の立體浮雕刺繡
Stumpwork基礎實作
アトリエ Fil◎著
定價320元

趣・手藝 66
家用烤箱OK！一試就愛作的陶土胸針&造型小物
BOUTIQUE-SHA◎授權
定價280元

趣・手藝 67
從可愛小圖開始學縫十字繡
大圖まこと◎著
定價280元

趣・手藝 68
UV膠飾品 Best37
張家慧◎著
定價320元

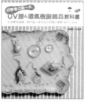

69

清新‧自然~刺繡人最愛的花草模樣手繡帖
點與線模樣製作所 岡理惠子◎著
定價320元

70

好想抱一下的軟QQ襪子娃娃
陳春金‧KIM◎著
定價350元

71

袖珍の料理廚房：迷你人氣黏土點心美食best82！
ちょび子◎著
定價320元

72

可愛北歐風の小巾刺繡：47個刺繡圖案的日常小物
BOUTIUQE-SHA◎授權
定價280元

73

不能吃の～袖珍模型麵包雜貨：超擬真！麵包香味！不玩黏土，捏麵糰！
ぱんころもち‧カリーノぱん◎合著
定價280元

74

小小廚師の不織布料理教室
BOUTIQUE-SHA◎授權
定價300元

75

親手作寶貝の好可愛圍兜兜
基本款‧外出款‧時尚款‧趣味款‧功能款‧穿搭變化一極棒！
BOUTIQUE-SHA◎授權
定價320元

76

 俏皮的不織布動物造型小物
手縫樂的不織布動物造型小物
やまもと ゆかり◎著
定價280元

77

 袖珍甜點黏土手作課
超可愛的迷你size！袖珍甜點黏土手作課
関口真優◎著
定價350元

78

幸福の盛放：超大朵紙花設計集
享受花の綻放！超大朵紙花設計集
空間＆櫥窗陳列‧婚禮＆派對布置‧特色藝術妝點！
MEGU（PETAL Design）◎著
定價380元

79

讓人超暖心の手工立體卡片
收到會微笑！讓人超暖心の手工立體卡片
鈴木孝美◎著
定價320元

80

黏土小魚
無限可愛の黏土小魚
ヨシオミドリ◎著
定價350元

81

UV膠＆熱縮片飾品120選
キムラプレミアム◎著
定價320元

82

超時尚的UV膠飾品100選
キムラプレミアム◎著
定價320元

83

寶貝最愛的可愛造型趣味摺紙書
動物摺紙動態版×一邊玩一邊學
いしばし なおこ◎著
定價280元

84

簡單手縫可愛的不織布動物玩偶
超精選！有131隻喔！簡單手縫可愛的不織布動物玩偶
岡田郁子◎著
定價300元

85

百變立體造型的三角摺紙趣味手作
靈活指尖×想像力！百變立體造型的三角摺紙趣味手作
BOUTIQUE-SHA◎授權
定價300元

86

眼前！玩偶的不織布手作遊戲
躍躍欲試！玩偶的不織布手作遊戲
BOUTIQUE-SHA◎授權
定價300元

87

超可愛手縫！輕鬆手縫84個不織布造型偶
超可愛手作課！輕鬆手縫84個不織布造型偶
たちばなみよこ◎著
定價320元

88

超可愛的黏土動物同樂會
集合囉！超可愛的黏土動物同樂會
幸福豆手創館（胡瑞娟 Regin）◎著
定價350元

89

超可愛！換裝娃娃×動物摺紙58變
換裝娃娃×動物摺紙58變
いしばし なおこ◎著
定價300元

90

捲筒紙芯變花樣
時尚紙芯變花樣：別一針&捲一捲，紙花好可愛！
阪本あやこ◎著
定價300元

91

動物系黏土迴力車
可愛派對感！動物系黏土迴力車
幸福豆手創館（胡瑞娟 Regin）◎著權
定價320元

92

超可愛網美風黏土娃娃
Petty's手作快人設：超可愛網美風黏土娃娃
蔡青芬◎著
定價350元

93

手繪植物風橡皮章應用圖帖
HUTTE.◎著
定價350元

94

活潑＆可愛 小刺繡圖案300+
清新＆可愛 小刺繡圖案300+：一起來繡花朵‧小動物‧日常雜貨吧！
BOUTIQUE-SHA◎授權
定價320元

95

MARUGO教你作 職人の手揉黏土和菓子
甜在心‧剛剛好×精緻可愛！MARUGO教你作職人の手揉黏土和菓子
丸子（MARUGO）◎著
定價350元

96

童話Q版の可愛動物不織布玩偶
有119隻喔！童話Q版の可愛動物不織布玩偶
BOUTIQUE-SHA◎授權
定價300元

97

大人的優雅捲捲紙花：輕鬆上手！基本技法＆配色圖案一次學會
なかたにもとこ◎著
定價350元

98

色彩×幾何大挑戰！立體の組合式摺紙彩球設計24例
BOUTIQUE-SHA◎授權
定價350元

99

英倫風手繪感可愛刺繡500選
E＆G Creates◎授權
定價380元

100

超可愛娃娃布偶＆木頭偶
5人作家愛藏精選！美式鄉村風×童書繪本人物×童話幻想
今井のりこ‧鈴木治子‧斉藤千里 田畑聖子‧坪井いづよ◎合著
定價380元